AF586676

TRAITÉ ANALYTIQUE

de la Fabrication

DE L'ALCOOL DE BETTERAVE,

PAR GASPARD ;

SUIVI

DE L'EXTRACTION

DE LA POTASSE ET DES SELS ALCALINS

contenus dans les résidus de la distillation des Betteraves,

PAR EUG. LORMÉ.

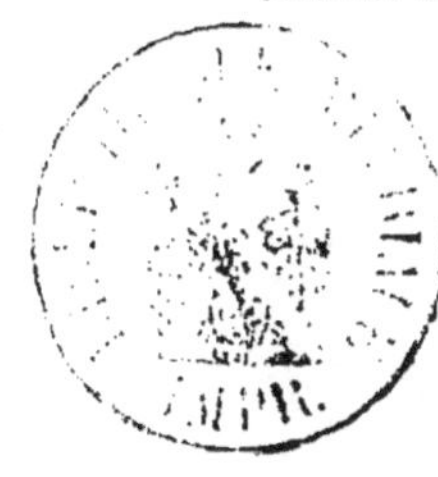

Avec figures dans le texte

PARIS,

IMPRIMERIE ET LIBRAIRIE D'AGRICULTURE

DE Mme Ve BOUCHARD-HUZARD,

RUE DE L'ÉPERON, 5.

PRÉFACE.

Il est, sans doute, inutile que je fasse remarquer que je ne parle, ici, de la fabrication de l'alcool de Betterave que comme d'une industrie annexée à l'exploitation du sol. Là, en effet, ses avantages sont évidents et incontestables; on trouve que cette industrie met à la disposition du cultivateur des résidus salubres et riches en principes nutritifs pour l'alimentation de ses bestiaux, en même temps qu'elle lui procure des engrais abondants pour l'amendement de ses terres. Si j'avais à parler de l'extraction de l'alcool de Betterave au point de vue industriel, il me faudrait nécessairement entrer dans de grands développements sur les divers procédés d'extraction et de fermentation des jus de Betterave, ainsi que sur les appareils de distillation et de rectification en usage dans cette industrie. Tel n'a point été mon but; je ne me suis proposé, en écrivant ce petit traité analytique de la fabrication de l'alcool de Betterave, que de fournir quelques indications précises et exactes aux agriculteurs qui s'occupent de l'alcoolisation de cette racine. — Toute préoccupation scientifique a été bannie de mon travail; — je m'estimerai heureux si ce faible écrit peut avoir un but utile.

TRAITÉ ANALYTIQUE

DE LA

FABRICATION DE L'ALCOOL

DE BETTERAVE,

PAR GASPARD.

Lorsqu'on se propose d'extraire de l'alcool des Betteraves, on doit choisir de préférence, comme étant les plus productives, les variétés les plus riches en sucre. Parmi les nombreuses variétés de cette plante, les fabricants de sucre indigène accordent généralement la préférence à la belle Betterave blanche de Silésie. Des expériences comparatives, très-exactes et très-précises, ont évidemment démontré que la matière sucrée ou saccharine est beaucoup plus abondante dans cette variété que dans les autres, et, comme les Betteraves sont d'autant plus productives à la distillation qu'elles contiennent une plus grande quantité de sucre, on doit, par conséquent, s'attacher exclusivement à la culture ou à l'emploi des variétés où le principe sucré domine.

La culture régulière de la Betterave exige, pour être dirigée avec succès, des connaissances spéciales et pratiques. Je m'abstiendrai d'entrer dans des détails à ce sujet, je signalerai seulement quelques observations sur les procédés à employer pour la conservation de cette précieuse racine.

Partout où l'on cultive la Betterave soit pour en extraire directement le sucre, soit pour transformer sa partie saccharine en alcool, il est indispensable d'en assurer la conservation. La Betterave est très-sensible aux influences de la température ; un froid vif la tue, un temps trop sec et trop chaud opère la décomposition de ses éléments. Il faut donc la soustraire à l'action de la gelée, comme à l'influence d'une température trop élevée. Des divers moyens de conservation qui ont été présentés jusqu'à ce jour, le seul qui soit encore généralement adopté dans toute l'étendue du département du Nord consiste à déposer les racines parvenues au point de maturité convenable dans des *silos* ou larges fossés creusés dans le sol. Voici comment il convient de procéder :

Les Betteraves étant suffisamment avancées en végétation sont arrachées, et, après les avoir effeuillées, on les dépose, pour les besoins de la fabrication, dans des silos que l'on creuse tout exprès dans le sol et, autant que possible, à proximité de la fabrique. On choisit, pour cela, un terrain sec et suffisamment élevé, pour qu'il ne soit pas inondé par les eaux pluviales.

L'endroit étant convenablement choisi, on y creuse un fossé ou silo de 1 mètre de longueur sur 0^m,80 à 0^m,90 de profondeur; quant à la longueur, elle varie suivant la quantité de Betteraves qu'il s'agit de conserver. On donne une légère pente à ce fossé, mais dans le sens de la longueur, de manière que l'humidité des Betteraves, celle du sol, ou même l'eau pluviale qui pourrait y pénétrer accidentellement, puissent s'écouler facilement par cette pente.

On dispose un clayonnage au fond du silo, sur lequel on dépose les Betteraves, préalablement effeuillées et desséchées autant que possible. L'humidité, surtout sous l'influence de la chaleur, détermine l'altération des Betteraves ; la réaction qui s'opère en cette circonstance décompose une partie de sucre d'autant plus grande que la température est plus élevée. Pour remédier à cet inconvénient, il est nécessaire de n'arracher les Betteraves que par un temps sec et de les laisser sécher quelques jours avant de les mettre dans le silo. Par cette simple précaution, elles pourront se conserver des mois entiers sans altération.

Les Betteraves étant bien arrangées dans le silo, on les recouvre d'une couche de terre sèche de 0^{m},50 à 0^{m},60 d'épaisseur. Il est convenable d'arranger la terre en voûte au-dessus du silo. Par cette disposition, les eaux pluviales trouvent un écoulement facile ; si l'eau restait stagnante au-dessus du silo, elle pénétrerait insensiblement jusqu'aux Betteraves et les ferait infailliblement pourrir.

Pour faciliter le dégagement des gaz qui peuvent se produire par un commencement de fermentation dans les Betteraves en silos, on dispose, de distance en distance, des tubes d'appel par lesquels les gaz se peuvent dégager.

Voici un autre moyen de conserver les Betteraves qui m'a constamment réussi, et que je crois devoir signaler à l'attention des distillateurs. Ce moyen, aussi simple que sûr, consiste à disposer les Betteraves par couches, soit dans des silos en maçonnerie, soit dans de grandes caisses en bois de forme rectangulaire, et de recouvrir exactement chaque rangée ou couche de Betteraves d'un mélange de cendres, de poussier de charbon végétal, de chaux en poudre et de fleur de soufre. Les proportions suivantes, qu'on peut d'ailleurs modifier, m'ont paru, après plusieurs expériences faites en grand, en 1847 et 1849, les plus favorables et les plus avantageuses dans l'application : cendres provenant de la combustion de la houille, du coke ou d'un bois quelconque, 60 parties ; poussier de charbon de bois, 30 parties ; chaux en poudre, 9 parties ; fleur de soufre, 1 partie. Toutes ces matières étant préalablement pulvérisées, s'il y a lieu, sont exactement mélangées ensemble et conservées dans des tonneaux jusqu'au moment où on doit s'en servir. Après avoir procédé comme je l'indique ci-dessus, on recouvre la dernière couche de Betteraves de 8 à 10 centimètres de ce mélange, puis d'une couche de cendres, de manière à soustraire le plus complétement possible les Betteraves à l'action d'un froid trop vif ou d'une température trop élevée. Les propriétés conservatrices de ce mélange ont été confirmées par des expériences précises et réitérées peudant deux années; j'ai acquis la complète certitude qu'on peut ainsi conserver des Betteraves saines, sèches et sans meurtrissures, depuis le mois de novembre jusqu'à la fin d'avril, sans qu'elles éprouvent d'altération sensible dans leur composition, ce qui serait impossible en employant les moyens ordinaires, c'est-à-dire le mode de conservation dans les silos.

On commence à distiller les Betteraves en novembre ou en décembre. C'est pendant cette époque et les deux mois suivants que cette opération peut s'effectuer dans les conditions les plus avantageuses; c'est encore dans cette période de temps que le principe sucré des Betteraves se trouve intact et dans toute sa pureté. Plus tard, sous l'influence d'une température plus élevée, la végétation décompose une certaine quantité de sucre ; dès lors les Betteraves sont moins saccharines et produisent moins d'alcool à la distillation.

L'extraction du jus de Betterave exige quatre opérations distinctes, qui sont

1° La suppression des collets et des radicules de la plante ;

2° Le lavage ;

3° Le râpage ou le découpage, suivant le système adopté ;

4° Le pressage ou, en d'autres termes, l'extraction du jus de la pulpe.

Je vais traiter successivement de ces quatre opérations dans l'ordre indiqué ci-dessus.

La première opération consiste à retrancher, avec un couteau bien acéré, le collet des Betteraves. Les agriculteurs désignent sous le nom de *collet* la sommité où les feuilles prennent naissance. L'analyse chimique démontre que cette partie de la plante, presque entièrement privée de sucre, ne renferme que des sels neutres et un principe amer non défini qui communiquerait à l'alcool un goût désagréable. Ce travail est ordinairement confié à des femmes ou à des enfants.

Du lavage.

Le lavage est l'opération par laquelle on débarrasse les Betteraves du sable et des matières terreuses qui y adhèrent encore après l'arrachage. Dans les grands établissements de sucre indigène du Nord, on emploie, pour ce travail, des moyens mécaniques aussi ingénieux que rapides. Mais, comme ces moyens sont d'une installation très-coûteuse et qu'ils se rattachent d'une manière directe au système de travail d'une vaste exploitation industrielle, je n'en parlerai pas ici ; je dirai seulement qu'on parvient aisément à débarrasser les Betteraves de la terre qui y reste adhérente à l'aide d'un cylindre à claire-voie traversé, dans toute sa longueur, par un axe terminé par une manivelle. Ce cylindre est placé dans un baquet rempli d'eau. Le dessin ci-dessous représente un la-

veur de racines qui a figuré à l'exposition universelle des produits de l'industrie.

Le cylindre ou tonneau à claire-voie, ainsi que le dessin

l'indique, est à moitié immergé dans le baquet, aux trois quarts rempli d'eau froide. A l'extrémité opposée à la manivelle est une trémie pour introduire les Betteraves dans le cylindre.

Tout étant ainsi disposé, on introduit une quantité suffisante de Betteraves dans le cylindre, auquel on imprime un mouvement de rotation soit par les manivelles, soit par un moteur quelconque. Pendant tout le temps que dure la rotation, les Betteraves, vivement frottées les unes sur les autres, au contact de l'eau, se débarrassent et se dépouillent, en fort peu de temps, de toute la terre qui adhérait à leur surface. Avec un cylindre convenablement disposé, de la contenance de 4 à 5 hectolitres, on peut laver de 7 à 800 kilog. de Betteraves par heure. Pour que le lavage soit plus complet et plus rapide, il est essentiel de renouveler de temps en temps l'eau du baquet, qui, sans cette précaution, deviendrait sale et bourbeuse.

Il y a encore un autre mode de lavage qui consiste à faire tremper les Betteraves pendant quinze ou vingt minutes dans une suffisante quantité d'eau froide. Au bout de ce temps et lorsque la terre qui est adhérente à la surface des Betteraves est ramollie et détrempée, on les frotte vivement avec une forte brosse en chiendent; on termine par un simple lavage à l'eau pure, qui enlève aussitôt de la surface des Betteraves toutes les parties terreuses que la brosse en avait détachées. Par ce moyen parfaitement adapté aux plus petites exploitations rurales, un manœuvre, aidé d'un enfant, peut laver de 3,500 à 4,000 kilog. de Betteraves par jour. Au fur et à mesure que les Betteraves sont lavées, on les jette sur un clayonnage où on les laisse égoutter pendant quelques heures pour qu'elles puissent se débarrasser de l'eau de lavage.

Mais, quel que soit le moyen qu'on emploie, il est toujours très-important que les Betteraves soient bien nettoyées et bien lavées avant l'opération du râpage ou du découpage, car ces deux opérations préparatoires sont identiquement les mêmes quant aux résultats. S'il en était autrement, si le lavage était incomplet, la terre et le sable qui resteraient encore à la surface des Betteraves émousseraient promptement les dents des scies de la râpe ou les lames du découpoir ; ce qui rendrait l'opération beaucoup plus longue et surtout beaucoup moins parfaite.

Du râpage.

On désigne sous le nom de râpage l'opération par laquelle on réduit les Betteraves en pulpe. L'extraction du jus est d'autant plus facile que la pulpe est dans un plus grand état de division et de finesse. Dans les fabriques de sucre indigène on emploie, depuis déjà quelque temps, des râpes perfectionnées qui joignent à une grande simplicité de construction l'avantage de fournir de la pulpe d'une extrême ténuité. Grâce à ces nouveaux perfectionnements, on retire beaucoup plus de jus de la pulpe que d'après les anciens systèmes de râpes.

Dans les fabriques bien établies et fonctionnant d'après les nouveaux procédés on emploie la vapeur comme force motrice des râpes, des presses et des pompes; on y trouve le triple avantage d'économiser la main-d'œuvre, le temps, et surtout d'accélérer beaucoup le travail. Une bonne râpe, bien servie, peut réduire en pulpe de 10 à 12,000 kilogrammes de Betteraves par jour. Comme la pulpe de Betterave s'altère et noircit très-rapidement au contact de l'air, on doit, au fur et à mesure du travail de la râpe, mettre la pulpe dans des sacs que l'on soumet le plus immédiatement possible à l'action de la presse pour en extraire le jus.

Indépendamment de la râpe, on peut encore employer un découpoir ou coupe-racine pour diviser les Betteraves en rubans très-déliés. Le découpoir est une espèce de rabot circulaire muni de quatre larges lames très-acérées, au contact desquelles les Betteraves sont découpées en rubans d'une extrême ténuité. Ce découpoir, encore peu connu, présente cependant de très-grands avantages, tant sous le rapport du coût que par l'application réellement utile qu'on peut en faire pour diviser les Betteraves. Les Betteraves, divisées en cossettes ou rubans par le découpoir, ne sont pas soumises à la presse; on en extrait la matière sucrée par un nouveau procédé dont les arts ont retiré et retirent encore, chaque jour, des résultats aussi positifs qu'avantageux. Ce procédé, connu sous le nom de procédé par voie de macération, consiste à opérer le déplacement de la matière sucrée et saccharine des Betteraves en en traitant la pulpe par l'eau ou la vinasse bouillante. Il y a substitution d'éléments ; sous l'influence de l'eau ou de la vinasse bouillante les parties solubles et sucrées de la pulpe sont mises en liberté. Dès lors, les presses deviennent complétement inutiles; mais, lorsqu'il s'agit d'extraire directement le jus des Betteraves, rien encore, jusqu'à ce jour, n'a pu remplacer les bonnes presses hydrauliques.

Du pressurage de la pulpe.

Les Betteraves étant réduites en pulpe, il ne s'agit plus que de soumettre cette pulpe, dans le plus bref délai possible, à une pression très-énergique, pour en extraire le jus qu'elle renferme. On emploie pour cette opération une bonne presse hydraulique, et à défaut de presse hydraulique une bonne presse à vis ordinaire. Le pressurage de la pulpe s'effectue de la manière suivante :

Le choix des tissus dans lesquels on enveloppe la pulpe pour la soumettre à la pression n'est pas une chose indifférente; je connais des fabricants de sucre indigène qui emploient, pour ce travail, des canevas de chanvre croisé d'un tissu très-fort et à mailles ouvertes; mais on préfère, généralement et avec raison, des sacs en forte laine sergée ; ces sacs, fabriqués en vue de ce travail spécial, doivent toujours être en rapport avec la grandeur et la force de la presse qu'on emploie.

Pour commencer à charger la presse, on met d'abord une claie métallique sur le plateau du fond, puis on pose dessus deux sacs remplis de pulpe. On pose une deuxième claie sur la pulpe, et on continue à placer ainsi alternativement deux sacs remplis de pulpe et une claie, et cela jusqu'à ce que le chargement de la presse soit complet.

La presse étant convenablement et uniformément chargée, on commence à donner la pression, qui doit être d'abord lente et graduée pour ne pas crever les sacs; le jus coule abondamment et d'une manière continue aux premiers instants de la pression; après un temps d'arrêt de quinze à vingt minutes, on commence à donner la pression définitive, que l'on continue jusqu'au moment où tout écoulement de jus a cessé; alors on desserre la presse et on retire la pulpe des sacs. Avec une bonne presse hydraulique on peut presser 500 kilog. de pulpe par heure, dont on retire ordinairement 400 kilog. de jus de 6 à 7 degrés et environ 100 kilog. de pulpe.

La pulpe est de nouveau soumise à une deuxième pression, beaucoup plus énergique que la première; cet excès de pression a pour objet d'extraire, autant que possible, les parties liquides qui restent encore dans la pulpe après une première pression; mais, comme ce résultat ne peut être obtenu par une pression directe, on opère le déplacement du jus sucré qui est encore dans la pulpe en opérant de la manière suivante :

Je suppose qu'on ait à traiter 1,000 kilog. de pulpe qui ait été soumise à une première pression. On émiette cette pulpe dans un grand cuvier en bois blanc, et on verse dessus 300 litres d'eau; on foule vivement la pulpe, et après trois quarts d'heure ou une heure de contact on la retire du cuvier, on l'enveloppe dans des sacs de serge que l'on dispose sur la presse, comme je l'ai déjà indiqué une première fois, et on soumet le tout à une très-grande pression. Cette deuxième pression fournit de 250 à 300 litres environ de jus, dont la densité varie entre 3 degrés 1/2 Baumé, et quelquefois 4 et même plus.

Comme le liquide sucré qui provient de cette deuxième

pression de la pulpe est trop faible pour être soumis directement à la fermentation, il est convenable d'augmenter sa densité en le réunissant à des jus de première pression, afin de pouvoir le soumettre avec avantage à la fermentation.

Il y a encore une modification de ce procédé récemment introduite dans quelques fabriques de sucre indigène. Cette modification consiste à retirer les sacs remplis de pulpe de la presse, de les disposer un à un sur des étagères à claire-voie, et ensuite de disposer le tout dans une grande caisse qui ferme hermétiquement.

Tout étant ainsi disposé, on dirige un courant de vapeur dans la caisse, et on l'y maintient pendant vingt-cinq ou trente minutes. Sous l'influence de la chaleur et de l'humidité, la pulpe, bien que renfermée dans les sacs, se dilate et se gonfle considérablement. Alors on retire les sacs de la caisse et on les soumet immédiatement à une nouvelle pression. Cette nouvelle pression fournit encore de 8 à 10 p. 100 de jus.

Ainsi on retire ordinairement, par une première pression, environ 800 litres de jus de 1,000 kilogr. de Betteraves et environ 190 kilogr. de pulpe, qui, soumise au traitement indiqué ci-contre, fournit de 50 à 60 litres de jus de 3 à 4 degrés. Soit, en moyenne, une production de 850 litres de jus à 6 degrés pour 1,000 kilogr. de Betteraves.

De l'acidulation des jus.

Cette opération importante a pour objet de transformer le sucre cristallisable contenu dans le jus de la Betterave en sucre incristallisable, ou sucre de glucose, le seul qui, d'après les chimistes, soit susceptible de se transformer en alcool et en acide carbonique sous l'influence de la fermentation.

L'emploi de l'acide sulfurique réalise encore plusieurs avantages importants : il décompose ou sature les sels alcalins, ordinairement très-abondants dans les jus de Betterave, et opère la mise en liberté du ferment naturel de la Betterave, condition essentielle pour déterminer la fermentation alcoolique dans les jus, sans addition de levûre. Néanmoins l'expérience prouve qu'on obtient des fermentations plus belles et plus régulières par l'addition d'une certaine quantité de levûre.

Il est impossible de fixer des doses fixes et toujours constantes pour l'acide sulfurique qu'on doit ajouter dans les jus; ce n'est que par quelques essais préalables qu'on parvient à déterminer ces doses d'une manière exacte et précise; néanmoins il est toujours utile que les jus présentent, après leur saturation, une réaction légèrement acide, ce dont il est toujours très-facile de s'assurer par le papier bleu de Tournesol, qui, au contact des acides, passe immédiatement au rouge.

Quelle que soit, d'ailleurs, la quantité d'acide à ajouter dans les jus, il est important que cet acide soit préalablement étendu d'eau. Si on versait directement l'acide sulfurique concentré dans les jus, cet acide réagirait d'une manière très-énergique sur le sucre et pourrait même en décomposer les parties avec lesquelles il se trouverait immédiatement en contact. Il est donc indispensable d'atténuer la puissante énergie de cet acide, en le mélangeant avec huit à dix fois son poids d'eau avant de l'introduire dans les moûts destinés à subir la fermentation alcoolique.

Voici maintenant comment on procède à l'acidulation des jus. Je suppose qu'on opère sur 50 hectolitres de jus à 6 degrés de densité à l'aréomètre *Baumé;* on verse dans un cuvier en bois blanc 40 ou 50 litres d'eau froide, et on y ajoute 3 à 4 kilog. d'acide sulfurique à 66 degrés; on rend le mélange plus complet en l'agitant pendant quelques minutes.

La liqueur acide étant ainsi préparée, on la verse peu à peu dans les 50 hectolitres de jus. Pour rendre la réaction plus parfaite, on agite le mélange pendant quinze ou vingt minutes; si la proportion d'acide employé est suffisante, le liquide saccharin a acquis une réaction légèrement acide, indice qu'on peut aisément reconnaître en immergeant une bande de papier bleu de Tournesol dans le liquide. S'il y a un léger excès d'acide, le papier se colore faiblement en rouge; si, au contraire, le papier restait bleu, on ajouterait de nouvelles quantités d'acide sulfurique toujours étendu de dix fois son poids d'eau.

Le moût, ainsi préparé, est abandonné au repos pendant quelques heures, pour que les détritus végétaux et le sulfate de chaux puissent se précipiter; on soutire le liquide clair qui surnage le dépôt. Ainsi préparé, le jus de Betterave peut immédiatement subir la fermentation.

De la fermentation alcoolique.

C'est ainsi qu'on désigne l'opération par laquelle on transforme les éléments du sucre en alcool et en acide carbonique; pour que cette fermentation ait lieu, il faut 1° du sucre ou matière saccharine; 2° une quantité d'eau huit à dix fois plus considérable que celle du sucre; 3° le contact de l'air ou de l'oxygène; 4° de la levûre ou du gluten; 5° une température de 22 à 28 degrés centigrades : la température moyenne de 25 degrés paraît être la plus favorable au commencement et à la continuation de la fermentation.

Ces conditions réunies, la fermentation alcoolique a toujours lieu; il y a toujours décomposition de sucre, production relative d'alcool, dégagement d'acide carbonique et développement de chaleur. Ces principes posés, voici comment on procède à la mise en fermentation des jus :

Dans une cuve à fermentation, de la contenance de 25 à 30 hectolitres, on verse d'abord 800 litres de jus de Betterave à 6 degrés de densité et à 25 ou 28 degrés de température au thermomètre centigrade; d'autre part, on délaye dans un peu d'eau tiède à raison de 200 grammes de bonne levûre de bière bien fraîche pour 100 litres de jus, soit

4 kilogr. pour une cuve de la contenance de 25 hectolitres, mais seulement chargée à 20, à raison du vide qu'on doit laisser pour la fermentation.

Après avoir versé la levûre dans la cuve, on brase le mélange pendant cinq à six minutes; après quoi on abandonne le tout au repos ou, pour mieux dire, à la fermentation.

Bientôt celle-ci commence à se manifester: la surface du liquide se couvre insensiblement d'une écume blanche et légère, qui exhale l'odeur très-caractéristique de l'acide carbonique; on peut d'ailleurs, pour plus de certitude, plonger une chandelle allumée dans la partie vide de la cuve; si la fermentation est établie, la chandelle s'éteindra spontanément.

Lorsque les signes de la fermentation sont bien constatés et bien évidents, on procède au chargement définitif de la cuve avec du jus à 5 ou 6 degrés de densité et 20 à 22 degrés de chaleur au thermomètre centigrade.

Quelques heures après le chargement complet, la fermentation s'établit dans toute la masse; des ondulations vives sillonnent la surface du liquide dans toutes les directions. Souvent même, par l'action d'une fermentation trop active, la surface du liquide se couvre d'écume. Lorsque cette écume, qui est presque entièrement formée de levûre, devient trop abondante, on la fait aisément disparaître en versant 50 grammes de savon noir, préalablement dissous dans 1 litre d'eau tiède, sur la surface de la cuve.

La durée totale de la fermentation est de quinze à dix-huit heures; on reconnaît qu'elle est terminée lorsque le mouvement tumultueux du liquide a presque complétement cessé; la saveur sucrée, si la fermentation a été bien dirigée et s'est accomplie dans de bonnes conditions, cette saveur, dis-je, a aussi disparu; et, à ce moment, il s'exhale de la cuve des émanations alcooliques d'un caractère très-prononcé. D'ailleurs, comme le but de la fermentation est de transformer les éléments du sucre en alcool, ce but sera d'autant plus complétement atteint que la densité du titre aréométrique du liquide sera plus faible après la fermentation; si, avant la fermentation, le liquide marque 6 degrés, il ne doit marquer que 0 degré ou 1 degré au plus dans toute fermentation de jus de Betterave qui aura bien réussi.

Si, lorsque la fermentation est presque terminée, on vide presque entièrement la cuve, de manière à ne laisser que 8 à 10 centimètres de liquide vineux sur le ferment, et qu'on recharge immédiatement cette cuve avec des jus de Betterave neufs, légèrement acidulés et préalablement chauffés à 18 ou 20 degrés centigrades, on obtient une fermentation aussi vive, aussi rapide et aussi complète que la première, sans qu'il soit nécessaire d'ajouter de nouvelles quantités de ferment.

En procédant à la mise en fermentation des moûts de Betterave d'après les procédés que je viens de décrire, l'alcoolisation de ces moûts est, je le répète, complète dans l'espace de dix-huit à vingt heures, et quelquefois même avant. Comme, après la fermentation alcoolique ou vineuse, la fermentation acétique se développe avec une étonnante intensité et cela aux dépens de l'alcool, il est très-important de distiller le vin aussitôt que la fermentation alcoolique est terminée. L'expérience démontre que, lorsqu'on laisse séjourner ces vins dans les cuves au delà de quinze à dix-huit heures après la terminaison de la fermentation, on obtient ordinairement de très-faibles résultats à la distillation (1).

---

(1) C'est ainsi qu'on est parvenu, dans ces derniers temps, à faire fermenter les jus de Betterave sans l'addition d'un ferment, et à rendre cette opération continue à l'aide du ferment albuminoïde qui se trouve naturellement dans le jus de cette racine. Le procédé suivi à cet égard consiste à opérer le coupage successif des cuves en pleine fermentation avec des moûts de Betterave neufs préalablement acidulés par un acide, particulièrement par l'acide sulfurique. Cependant ce procédé, tout ingénieux et tout économique qu'il soit, n'est pas, selon moi, sans quelques inconvénients que je crois devoir signaler. Le ferment naturel, il est vrai, a la propriété de se perpétuer et de se reproduire de lui-même pendant la fermentation; mais l'expérience démontre que ce ferment perd assez promptement de son énergie pour qu'au bout de quelque temps il s'altère, et qu'alors les fermentations deviennent longues et souvent difficiles à s'accomplir : par ce fait, il se forme beaucoup d'acide acétique qui, on le sait,

Je terminerai par quelques observations relatives à la température qu'il convient de donner aux fermentations. D'après des expériences faites par d'habiles chimistes, il résulte que la température de 22 à 28 degrés du thermomètre centigrade paraît être la plus favorable au complet développement de la fermentation alcoolique. A une température trop basse, au-dessous de 15 degrés par exemple, la fermentation s'accomplit lentement et d'une manière très-imparfaite; à une température au-dessus de 28 degrés, la fermentation se développe très-promptement et est fort active; mais, sous l'influence de cette chaleur, il y a vaporisation d'alcool et formation d'acide acétique (vinaigre); il résulte de cette double perte qu'une cuve qui devrait produire 100 litres d'alcool n'en produit souvent pas la moitié. On voit, d'après ce qui précède, combien il est important d'établir les fermentations dans les limites de température que j'indique. Tout le succès de cette fabrication dépend, en grande partie, de l'attention avec laquelle les fermentations sont conduites et dirigées.

Il y aurait cependant un moyen fort simple de régulariser la température des cuves en fermentation, ce serait de placer un serpentin en cuivre dans chaque cuve; si on voulait

---

a toujours lieu aux dépens de l'alcool. Le sucre n'est jamais aussi rapidement et aussi complétement décomposé que lorsque les fermentations ont lieu par le concours de la levûre de bière; de plus, il s'accumule, au fond des cuves, des quantités souvent considérables de ferment insoluble qui n'a que très-peu d'action sur le sucre. Les jus fermentés sont très-acides et de mauvais goût, et les produits de la distillation sont moins sapides et moins purs que lorsqu'on ajoute une suffisante quantité de levûre dans les moûts pour déterminer la fermentation, et pour la rendre plus prompte et plus énergique.

Voilà, en résumé, pourquoi le mode de fermentation des moûts de Betteraves sans addition de levûre me paraît encore laisser beaucoup à désirer à certains égards, et pourquoi je recommande de procéder à la mise en fermentation des jus d'après les procédés que j'indique. On obtiendra ainsi des fermentations plus belles et plus régulières; il y aura moins d'acide acétique de formé; la décomposition du sucre sera plus prompte et plus complète, et par conséquent on aura une production d'alcool plus considérable.

élever la température d'une cuve, on ferait arriver dans le serpentin un courant de vapeur; on pourrait même y faire circuler de l'eau chaude ou les vinasses bouillantes qui sortent de l'alambic, mais l'emploi de la vapeur me paraît préférable sous bien des rapports. Dans le cas où la température des cuves serait, au contraire, trop élevée, on la ramènerait aisément au degré convenable par le moyen de l'eau froide qu'on ferait couler abondamment dans le serpentin.

Mais l'adoption de ce moyen nécessiterait une dépense assez forte et ne pourrait guère s'appliquer que dans les distilleries d'une certaine importance.

Lorsque la fermentation est terminée, on procède, sans retard, à la distillation; l'expérience prouve qu'un séjour prolongé du liquide fermenté dans les cuves détermine, aux dépens de l'alcool, la formation d'une quantité considérable d'acide acétique (vinaigre); il est donc important de procéder à la distillation aussitôt que la fermentation vineuse est entièrement terminée.

20 hectolitres de jus de Betterave d'une densité moyenne de 6 degrés, provenant du traitement de 2,400 kilogr. de Betterave, convenablement fermentés et distillés, doivent produire 110 litres d'alcool pur, ce qui constitue un rendement de 4 litres 1/2 d'alcool par 100 kilogr. de Betterave employée.

EXTRACTION DE L'ALCOOL DE BETTERAVE

PAR VOIE DE MACÉRATION.

Ce procédé, dont l'industrie et les arts doivent la première application à Mathieu de Dombasle, a pour objet l'extraction de la matière sucrée et fermentescible des Betteraves sans avoir recours à la pression. Le principe sur lequel ce procédé repose consiste à opérer le déplacement du jus sucré de la Betterave, en en soumettant la pulpe à des lavages successifs à l'eau ou à la vinasse bouillante, qui opèrent graduellement, par voie de substitution ou d'endosmose, la séparation du principe sucré contenu dans la pulpe.

Sans apprécier toute l'importance industrielle de ce procédé, il me suffira de dire que l'analyse chimique démontre que la Betterave ne renferme jamais au delà de 3 ou 4 pour 100 de parenchyme et de fibre végétale, et de 96 à 97 de jus sucré, dont la densité varie suivant la nature plus ou moins saccharine des racines: or les meilleures presses hydrauliques ne donnent jamais au delà de 80 pour 100 de jus pour une première pression; il en reste donc dans la pulpe de 16 à 18 pour 100 du poids des Betteraves, qu'on ne peut extraire qu'en partie, en soumettant de nouveau cette pulpe à une deuxième pression très-énergique, après l'avoir préalablement imbibée d'eau ou de jus de Betterave à faibles degrés.

Il est facile de comprendre que le but des lavages successifs de la pulpe avec de l'eau ou les vinasses bouillantes est de séparer la partie sucrée et fermentescible des Betteraves, sans avoir recours à l'emploi si compliqué et si dispendieux des presses hydrauliques; enfin ce procédé est d'une application facile et économique, et, sauf quelques modifications dans la forme et les dispositions des cuviers macérateurs, il est généralement employé pour la distillation agricole des Betteraves.

Le matériel d'installation d'une petite distillerie pouvant opérer le traitement de 5 à 6,000 kilogr. de Betteraves par jour se compose

1° D'un cylindre laveur,

2° D'une sape ou d'un coupe-racine,

3° De six cuviers en bois pour la macération des Betteraves en pulpe ou en cossettes,

4° De quatre cuves à fermentation de 25 à 30 hectolitres,

5° D'un appareil distillatoire,

6° D'un appareil à rectifier.

L'eau qui sert pour extraire le jus ou, pour m'exprimer en termes plus précis, le principe sucré qui est contenu dans la pulpe, doit être légèrement acidulé; pour cela, on met 9 kilogr. d'acide sulfurique à 66 degrés dans 85 litres d'eau; on brase le mélange cinq minutes, pour mêler bien exactement l'acide avec l'eau. Ainsi préparée, cette liqueur est désignée sous le nom de liqueur normale ; on l'emploie dans la proportion de 1 litre sur 99 litres d'eau ou de vinasse pour le traitement de la pulpe.

L'expérience démontre que, sous l'influence de l'eau acidulée, les sels de potasse et de chaux, très-abondants dans la Betterave, sont décomposés; en outre, une partie considérable du sucre cristallisable passe, au contact de l'acide, à l'état de sucre incristallisable, le seul qui soit fermentescible; enfin on a reconnu que, lorsque le liquide sucré avait une réaction légèrement acide, la fermentation était plus instantanée, plus rapide et plus complète, et donnait, par conséquent, plus d'alcool à la distillation. Voici maintenant comment on procède :

Les Betteraves, nettoyées et lavées, sont réduites en pulpe au moyen d'une bonne râpe (ou divisées en cossettes à l'aide du coupe-racine). Les Betteraves étant râpées, c'est-à-dire réduites en pulpe, on dépose cette pulpe dans des cuviers en bois de Chêne ou même en bois blanc, de 8 à 12 hectolitres. Ces cuviers sont disposés par étages que je désignerai sous les n°s 1, 2 et 3, en donnant le n° 1 au cuvier le plus élevé; cette disposition des cuviers superposés les uns au-dessus des autres est avantageuse, car elle permet de faire couler le liquide du n° 1 dans le n° 2, et celui du n° 2 dans le n° 3; on obtient ainsi un liquide sucré au point convenable de densité pour la fermentation, parce que le liquide du n° 1, en passant successivement dans les cuviers n°s 2 et 3, se charge d'une partie du sucre qui est contenu dans la pulpe de Betterave. On peut, par ce moyen, obtenir des jus très-riches en degrés.

Le dessin ci-dessous représente une série de trois cuviers

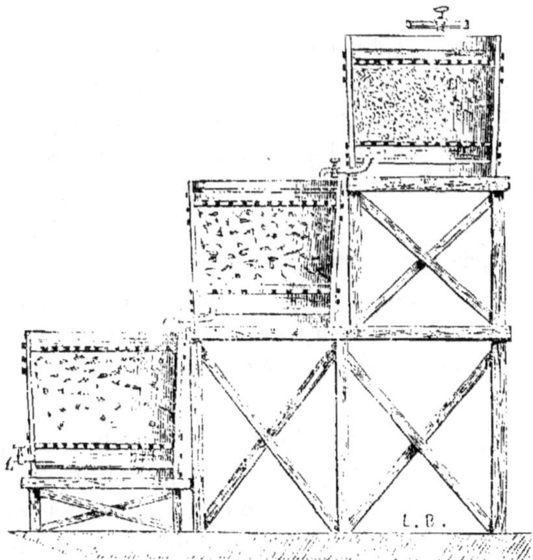

macérateurs: chacun de ces cuviers est muni de deux doubles fonds en bois, lesquels sont percés de trous comme une écumoire. Le double fond qui s'adapte à la partie inférieure des cuviers repose sur trois ou quatre petits supports en bois, qui le maintiennent à 5 ou 6 centimètres du fond du cuvier : c'est sur ce double fond qu'on dépose la pulpe de Betterave, dont on remplit aux trois quarts chaque cuvier, c'est-à-dire que, si la capacité des cuviers est de 12 hectolitres, on les charge seulement de 9 hectolitres de pulpe, de manière à laisser au-dessus de la pulpe un espace vide de 3 hectolitres; ce vide est nécessaire pour loger le liquide acidulé, qui, en filtrant sur la pulpe, en dissout la matière sucrée et fermentescible qui y est contenue.

Tout étant ainsi disposé, on place le deuxième double fond sur les pulpes, et on verse dans le cuvier n° 1, à raison de 50 litres d'eau bouillante ou même d'eau chauffée à 80 ou 90 degrés, pour 100 kilog. de pulpe. Il est bien entendu que l'eau employée est composée de 99 litres d'eau pure et de 1 litre de liqueur acide dont j'ai indiqué précédemment la composition et que j'ai désignée sous le nom de liqueur *normale*.

On laisse l'eau acidulée en contact avec la pulpe pendant une heure; au bout de ce temps, on fait couler le liquide (jus sucré) dans le cuvier n° 2, qui contient de la pulpe fraîche; on laisse encore le liquide en contact avec cette pulpe l'espace d'une heure; ce temps écoulé, on ouvre le robinet du cuvier n° 2, et le liquide qu'il contient passe dans le cuvier n° 3, également chargé de pulpe neuve, où, après trois quarts d'heure d'immersion sur la pulpe, il a acquis, par trois macérations successives sur les pulpes des cuviers n°s 1, 2 et 3, une densité suffisante pour la fermentation.

Aussitôt que le jus sucré du cuvier n° 1 a été soutiré, on a continué le lavage de la pulpe en versant de nouveau dans ce cuvier, à raison de 50 litres d'eau acidulée et bouillante par 100 kilog. de pulpe; après un contact d'une heure, on fait couler le liquide dans le cuvier n° 2, dont le produit liquide de la première macération a passé, ainsi que je l'ai déjà dit, dans le cuvier n° 3; enfin, lorsque le liquide du cuvier n° 1 a séjourné vingt-cinq ou trente minutes dans le cuvier n° 2, on le fait passer dans le cuvier n° 3, où, au contact d'une pulpe plus riche et plus saccharine, il se sature encore d'une certaine quantité de sucre. Après vingt minutes de macération, ce liquide est soutiré et réuni au premier jus dans la cuve à fermentation.

Comme, après un deuxième lavage à l'eau bouillante acidulée, la pulpe du cuvier n° 1 n'est pas encore complétement dépouillée de toute la matière sucrée, on donne à ce cuvier un troisième et dernier lavage à l'eau ou à la vinasse. Le liquide aqueux et faiblement sucré qui en provient, étant chauffé jusqu'à l'ébullition, est employé, au lieu d'eau pure, pour la macération des pulpes.

Lorsque la pulpe du cuvier n° 1 a perdu, par trois lavages successifs à l'eau bouillante, toute saveur sucrée, et qu'elle ne renferme plus que de l'eau sensiblement pure, qui s'est substituée au jus sucré de la Betterave, on vide ce cuvier, dont la pulpe est alors épuisée, ou à peu près, de tout principe sucré. Ce cuvier étant vide, on le charge à nouveau avec la pulpe du cuvier n° 2, qui, n'ayant subi que deux lavages, contient encore du sucre; le cuvier n° 1 est, à son tour, chargé avec la pulpe du cuvier n° 3, qui reçoit en échange un chargement complet de pulpe neuve. On continue alors le lessivage des pulpes en versant, dans le cuvier n° 1, de l'eau acidulée et bouillante ou des jus de Betterave à faibles degrés, qu'on fait passer successivement dans les cuviers n°s 2 et 3; en opérant ainsi, le cuvier n° 3 donne constamment des jus suffisamment concentrés pour subir la fermentation alcoolique.

On peut encore, quoique avec peu d'avantages, remplacer, pour la macération des pulpes, l'eau bouillante par les vinasses bouillantes qui proviennent de la distillation des jus fermentés. La marche des macérations serait identiquement la même; mais l'emploi de l'eau bouillante préalablement acidulée me paraît préférable; on obtient des produits en alcool plus abondants et d'un goût plus pur (1).

---

(1) MM. Dubrunfaut, Champonnois et Duplais aîné ont inventé ou fait connaître divers systèmes d'appareils macérateurs pour l'extraction des jus de Betterave par voie de macération. Bien que les systèmes proposés ou appliqués par les hommes distingués dont je viens de citer les noms puis-

Tous les liquides réunis et mélangés ensemble ont une densité moyenne de 4 à 6 degrés; on les met en fermentation comme je l'ai précédemment indiqué en parlant de la mise en fermentation du jus de Betterave obtenu par la pression de la pulpe.

On ne saurait assigner d'une manière bien précise le rendement en alcool des Betteraves; elles ne contiennent pas toujours et d'une manière constante la même quantité de sucre; en ce qui concerne la fermentation, il n'est pas toujours possible d'obtenir des résultats absolument identiques. Cette opération est soumise à tant de réactions délicates et compliquées, qu'il n'est guère possible d'assigner un rendement fixe.

Néanmoins, m'étant occupé, pendant plusieurs années et d'une manière toute spéciale, de la distillation des jus de Betterave; ayant successivement opéré sur des racines de diverses provenances, les unes fort riches en matières sucrées, les autres, au contraire, fort aqueuses et ne renfermant que d'assez faibles proportions de sucre, il m'a été possible, d'après les données de l'expérience, d'établir une base de rendement sinon très-exacte, au moins suffisamment approximative, pour éclairer et guider le distillateur dans ses opérations.

L'expérience m'a prouvé que la moyenne proportionnelle de 1,000 kilog. de Betteraves, traités par les moyens que je viens de faire connaître, est de 1,000 litres environ de

---

sent fournir de bons résultats, ils me paraissent trop compliqués et trop coûteux pour pouvoir rendre d'utiles services dans les distilleries agricoles. Les cuviers macérateurs représentés par le dessin ci-dessus, et dont je recommande l'emploi, m'ont toujours fourni de très-bons résultats. A l'extrême simplicité de leur construction, les cuviers macérateurs ont l'avantage très-grand d'épuiser plus complétement les pulpes. On est, à la vérité, obligé de transvaser les pulpes d'un cuvier dans l'autre, ce qui occasionne une plus grande dépense de main-d'œuvre; mais on évite aussi, par ce moyen, le tassement et l'agglomération de la matière, laquelle, offrant plus d'interstices et de vides, abandonne plus facilement et plus promptement le jus sucré qu'elle renferme au liquide macérateur.

jus, dont la densité ou pesanteur spécifique varie entre 4 et 6 degrés de l'aréomètre Baumé ; terme moyen, 5 degrés.

Ces 1,000 litres de jus étant ramenés à une température moyenne de 22 à 25 degrés, mis en contact avec 1k,500 de bonne bière bien fraîche, subissent promptement la fermentation vineuse ou alcoolique.

Les 1,000 litres de jus, étant convenablement fermentés, produisent à la distillation l'équivalent de 40 à 45 litres d'alcool pur par 1,000 kilogr. de Betteraves.

En résumé, la fabrication de l'alcool de Betterave est, sans contredit, l'une des plus belles branches de la chimie industrielle, et l'une de celles qui ont le plus occupé et occupent encore le monde industriel et savant. Et cependant, malgré les travaux importants des hommes distingués qui ont attaché leurs noms à cette importante industrie, malgré les perfectionnements remarquables qu'elle doit à MM. Dubrunfaut, Champonnois, et à M. Duplais aîné, praticien instruit et modeste, cette industrie, il faut bien le reconnaître, est encore loin d'avoir réalisé toutes les améliorations dont elle paraît susceptible. Il est évident qu'il reste encore beaucoup à faire à cet égard. Les points importants sur lesquels je crois devoir surtout appeler l'attention des agriculteurs et des industriels sont 1° l'amélioration des procédés de culture de la Betterave qui, dans beaucoup de localités, sont encore très-défectueux ; 2° un mode de conservation économique et facile des racines qui permette de rendre la fabrication de l'alcool de Betterave une opération permanente ; 3° l'application de nouveaux procédés ou moyens pour l'extraction des jus, plus rationnels, moins dispendieux et plus parfaits que ceux généralement employés ; 4° l'introduction d'un ferment actif, peu coûteux, pour l'alcoolisation des jus, ainsi que les moyens de régulariser cette opération, soumise à tant de réactions imprévues et compliquées ; 5° enfin la solution du problème, si important et non encore résolu jusqu'à ce jour, de la complète désinfection des alcools de Betterave par un procédé exact et d'une application simple et facile, sont, certes, des questions d'un puissant intérêt, bien dignes des plus sérieuses investigations, et dont la solution pourrait avoir d'incalculables avantages pour le pays. C'est donc en étudiant sérieusement ces questions, c'est en simplifiant les opérations, en les rendant moins défectueuses, plus applicables et plus parfaites, qu'on peut espérer de concourir à l'amélioration réelle de cette belle et intéressante industrie, et réaliser ainsi tous les avantages dont elle est susceptible.

Enfin je crois devoir terminer ce petit traité analytique de la fabrication de l'alcool de Betterave par quelques observations pratiques, dont voici, en résumé, les principales. Le fabricant doit être très-attentif au choix des Betteraves qu'il emploie. Qu'il soit bien convaincu que toutes les variétés de cette plante ne sont pas également productives à la distillation; il doit choisir et employer de préférence la belle Betterave blanche de Silésie, qui est la plus riche et la plus abondante en sucre, et par conséquent la plus productive en alcool ; il doit aussi apporter beaucoup de soin pour la parfaite conservation des racines : il suffit, pour cela, de faire un choix attentif des Betteraves les plus saines, de les faire sécher, pendant quelques jours, dans des lieux bien aérés, mais non exposés au soleil, et de les enfouir ensuite dans des silos, ou, mieux encore, d'après le deuxième procédé que j'ai décrit dans la première partie de ce travail. A l'aide de ces précautions simples, mais importantes, les Betteraves se conserveront jusqu'au mois d'avril sans altérations bien sensibles dans leur composition, et fourniront toujours d'excellents résultats à la distillation.

Lorsqu'on se sert d'eau pour la macération des pulpes, ce qui me paraît infiniment préférable, à certains égards, à l'emploi des vinasses, cette eau doit être limpide et pure ; les eaux fluviales paraissent les plus favorables et sont généralement préférées. Lorsqu'au contraire la macération des pulpes a lieu par les vinasses bouillantes, et que, par un travail continu, ces vinasses sont devenues fortement acides et peuvent exercer une influence nuisible sur la fermentation, on doit saturer très-légèrement les acides par la chaux; il est très-essentiel de ne pas employer un excès de chaux; il est même préférable que la saturation ne soit pas complète et que ces vinasses conservent une réaction légèrement acide pour ne pas avoir de fermentations muqueuses. Pour avoir ces vinasses parfaitement limpides, on les laisse séjourner pendant cinq à six jours, soit dans des cuves, soit dans des citernes en maçonnerie; on les décante ensuite pour les employer.

Il est très-vraisemblable que, dans un temps peu éloigné, on parviendra à fermenter complétement les jus de Betterave, sans addition d'autre ferment que celui qui est contenu dans le jus de cette racine. Déjà ce moyen est employé dans beaucoup de distilleries d'alcool de Betterave; mais les résultats ne sont pas partout satisfaisants. Je suis persuadé que cette opération a besoin d'être régularisée pour pouvoir être appliquée dans les distilleries agricoles, et je pense qu'il est toujours convenable et avantageux d'ajouter une certaine quantité de bonne levûre de bière dans les moûts destinés à subir la fermentation.

Le choix des appareils de distillation et de rectification doit aussi fixer l'attention du distillateur d'alcool de Betterave. Les appareils à vapeur sont ceux qui donnent les meilleurs résultats. A l'économie importante de main-d'œuvre et de combustible qu'ils procurent, ces appareils ont aussi l'avantage très-grand de fournir de l'alcool plus pur et de meilleur goût que les appareils ordinaires, c'est-à-dire ceux où la distillation a lieu à feu nu.

Le produit de la distillation directe des moûts fermentés doit marquer de 50 à 60 degrés à l'alcoomètre de Gay-Lussac. Comme ce premier produit en alcool est fortement imprégné de l'odeur des huiles essentielles de la Betterave, il doit être rectifié séparément dans un appareil spécial avec addition d'une suffisante quantité de chaux vive préalablement délayée dans un peu d'eau. L'addition de la chaux, dans cette opération, a deux avantages également importants : elle neutralise d'abord les acides libres, principalement l'acide acétique, qui accompagne toujours les premiers produits de la distillation directe des vins de Betterave ; elle saponifie ensuite, du moins en partie, les huiles essentielles odorantes de la Betterave, qui sont la principale cause du mauvais goût de ces alcools. (La quantité de chaux à ajouter varie de 100 à 150 grammes pour 100 litres de flegmes.) Plus l'alcool obtenu par la rectification sera fort en degrés, plus aussi il sera pur, c'est-à-dire dépouillé d'huiles essentielles. Les alcools de Betterave, rectifiés à 96 ou 97 degrés, sont presque entièrement exempts de mauvais goût et ont une saveur légèrement aromatique et sucrée qui les fait rechercher pour l'imitation des rhums, la fabrication des liqueurs fines et même pour l'affinage des trois-six de Montpellier. La rectification est donc un moyen précieux pour épurer les alcools de Betterave; seulement, pour obtenir tous les bons résultats que cette opération peut fournir, il faut qu'elle soit conduite et dirigée selon les règles précises de l'art.

La pulpe qui provient de la fabrication de l'alcool de Betterave couvre la plus grande partie des frais d'achat de la matière brute; elle contient tous les éléments nutritifs de la Betterave, c'est-à-dire les matières salines et azotées; le sucre seul a été transformé en alcool. Mélangée dans des proportions qui varient avec des fourrages secs ou avec des tourteaux de graines oléagineuses, cette pulpe, surtout lorsqu'elle a été macérée dans des vinasses bouillantes, constitue une nourriture saine, abondante et nutritive pour le bétail. La faible quantité de principe sucré qu'elle contient encore après son épuisement y développe une légère fermentation alcoolique, dont l'odeur vineuse plaît beaucoup au bétail.

EXTRACTION DE LA POTASSE

ET DES SELS ALCALINS

CONTENUS

dans les résidus de la distillation des mélasses de Betteraves,

PAR E. LORMÉ.

L'analyse chimique a, depuis longtemps, démontré que les sels de potasse et de soude existent en grande proportion dans les mélasses de Betteraves. Ce fait, révélé par la science, a trouvé une heureuse application dans l'industrie; plusieurs savants chimistes ont donné des analyses de mélasses de Betteraves, et tous ont reconnu que les sels de potasse et de soude s'y trouvent dans des proportions qui varient de **10** à **12** pour **100** du poids des mélasses. Ce fait, parfaitement constaté, était de nature à éveiller l'attention des industriels; M. Dubrunfaut a eu le mérite de l'initiative, et c'est à lui que les arts doivent la première application des procédés d'extraction de la potasse et de la soude des résidus salins provenant de la distillation des mélasses de Betteraves.

C'est, en effet, des résidus salins incristallisables ou vinasses qu'on retire la potasse et la soude; on n'extrait jamais directement ces bases alcalines des mélasses; celles-ci sont, depuis déjà bien des années, la matière première d'une industrie riche et florissante; l'extraction de la potasse et de la soude est naturellement annexée à la fabrication de l'alcool de mélasse de Betteraves. Ces deux sels alcalins, étant indécomposables dans les conditions où l'on opère, se retrouvent naturellement, après la décomposition du sucre par la fermentation et l'extraction de l'alcool par la distillation, dans les résidus liquides incristallisables qui proviennent de l'opération. C'est de là qu'on les extrait par l'évaporation de l'eau et l'incinération du résidu concentré ou vinasse. Le produit de l'incinération constitue le salin de potasse et de soude impur; on opère la séparation de la soude par voie de cristallisation.

Les vinasses, obtenues par une première distillation, ayant été rechargées sur une fermentation nouvelle, et cette dernière, à son tour, ayant été distillée, on obtient des vinasses de 7 à 8 degrés. On les concentre par l'ébullition, jusqu'à ce qu'elles aient atteint une densité de 28 à 30 degrés. Pour opérer la concentration des liquides, plusieurs procédés sont en présence : on a proposé l'évaporation dans le vide et l'évaporation à l'air libre, en multipliant les points de contact de l'air avec le liquide à évaporer.

Sans m'étendre ici sur la valeur pratique de ces divers procédés, j'indiquerai ceux qui sont généralement employés dans les établissements où l'on se livre en grand à l'extraction de la potasse. Le premier procédé consiste à concentrer les vinasses dans une série de chaudières en cuivre superposées par étages les unes à la suite des autres, et que je désignerai sous les n°s 1, 2, 3: ces trois chaudières sont chauffées par le même foyer; les vinasses de la chaudière n° 1, étant concentrées à 28 ou 30 degrés, sont remplacées par les vinasses de la chaudière n° 2; les vinasses de la chaudière n° 3 sont versées dans la chaudière n° 2, et enfin la chaudière n° 3 reçoit des vinasses à 7 ou 8 degrés.

Le deuxième procédé consiste à évaporer le liquide salin dans des chaudières cylindriques plates et peu profondes, munies d'un serpentin plat, dans lequel on fait circuler la vapeur fournie par un générateur; l'évaporation s'effectue très-rapidement. Ce moyen est plus manufacturier, plus économique que le chauffage à feu nu; mais il ne peut s'appliquer avec avantage que dans les grands établissements.

Un appareil très-ingénieux, très-bien conçu pour l'évaporation des liquides, et dont l'inventeur, M. Bour, est Américain, a figuré à l'Exposition universelle.

Cet appareil, qui est en communication avec un générateur pour la production de la vapeur, se compose d'une bâche en bois, doublée en cuivre, remplie aux 4/5es de liquide. L'appareil évaporatoire, formé d'une série de sphères aplaties, creuses à l'intérieur, est à moitié immergé dans le liquide à évaporer. On fait arriver la vapeur dans l'appareil évaporatoire, et en même temps on lui imprime un mouvement de rotation, soit par un moteur quelconque, soit à l'aide d'une manivelle. Pendant la rotation, l'appareil se charge d'une couche de liquide extrêmement mince, qui, par son contact sur les surfaces chauffées par la vapeur, s'évapore très-rapidement, attendu que la surface totale d'évaporation est de **510** mètres par minute. La concentration des vinasses peut se faire, à l'aide de cet ingénieux appareil, d'une manière aussi rapide qu'économique.

Soit que l'on adopte le chauffage à feu nu, soit que l'on opère par le moyen de la vapeur, les vinasses sont concentrées jusqu'à 28 à 30 degrés; comme il arrive que, par l'évaporation des vinasses, souvent acides, on détériore les appareils, il est convenable de saturer préalablement les acides par l'addition d'une certaine quantité de chaux. La chaux se combine aux acides, et le liquide, devenu neutre, a peu d'action sur les chaudières évaporatoires.

La vinasse, étant suffisamment concentrée (28° à 30° Baumé), est versée bouillante dans une vaste citerne en maçonnerie ou dans des chaudières en fonte où elle abandonne, par le repos et un lent refroidissement, l'excès de chaux qu'on emploie pour la saturation des acides; il se dépose aussi du sulfate de chaux. Ce sel insoluble résulte de la combinaison de l'acide sulfurique dont on se sert pour l'acidification des mélasses avant la fermentation, et qui, en s'unissant avec une quantité de chaux équivalente à son poids atomique, forme du sulfate de chaux qui, à raison de son insolubilité et de la température élevée du liquide, se précipite. Il est très-important que les vinasses concentrées soient dépouillées le plus complétement possible de sulfate de chaux, car ce sel réagit très-énergiquement sur les carbonates de potasse et de soude, et son acide, devenu libre, se combine avec la base de ces sels, pour former des sulfates de potasse et de soude, dont les prix sont bien moins élevés que ceux des carbonates de ces bases.

La vinasse, ayant abandonné, par le repos et le refroidissement, la chaux et le sulfate de chaux qu'elle tenait en suspension, est incinérée dans des fours à réverbère chauffés jusqu'au rouge blanc ; on peut employer, pour cette opération, un four à réverbère analogue à ceux dont on se sert pour la fabrication de la soude artificielle ; mais la construction de ces fours est coûteuse, et les résultats qu'on en obtient n'offrent pas une compensation suffisante des frais d'installation et d'entretien qu'ils nécessitent. Je me suis servi, pendant plusieurs années, d'un four d'une construction aussi simple qu'économique, qui m'a constamment fourni de très-bons résultats ; ce four est disposé de la manière suivante :

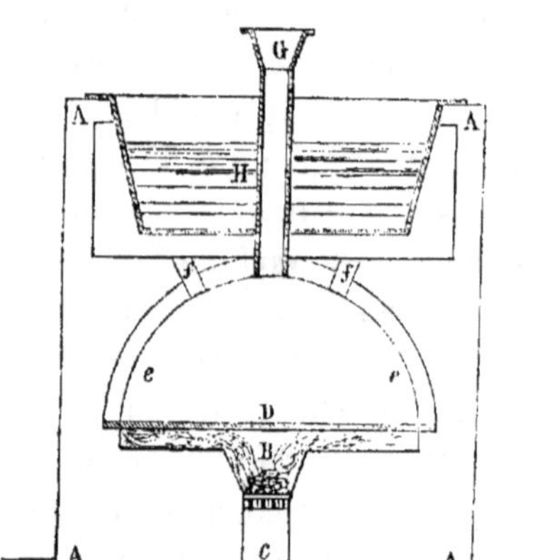

AAAA, maçonnerie du fourneau. B, foyer. *c*, cendrier. D, plaque de fonte sur laquelle on opère l'incinération de la vinasse. *e e*, voûte en briques réfractaires. *f f*, carneaux livrant passage à la flamme et à la fumée. H, chaudière en cuivre, de forme rectangulaire, légèrement évasée à sa partie supérieure, servant de réservoir à la vinasse concentrée, destinée à subir l'incinération; la ligne supérieure indique le niveau du liquide. G, entonnoir servant à introduire la vinasse à incinérer sur la plaque de fonte.

On commence d'abord par allumer le feu au fourneau: lorsque la plaque de fonte est chauffée au rouge blanc, on puise dans la chaudière H quelques litres de vinasses concentrées et bouillantes, qu'on jette sur la plaque D par l'entonnoir G. Au contact de la chaleur, la vinasse se boursoufle considérablement; l'eau qu'elle contient est rapidement vaporisée; au bout de quelques minutes, les substances organiques de la vinasse s'enflamment spontanément, et on obtient, après la combustion, un charbon léger, poreux et friable : ce charbon constitue le salin de potasse et de soude impur. La combustion étant terminée, on retire la matière carbonisée de dessus la plaque, à l'aide d'un ringard en fer, et on la jette incandescente dans des étouffoirs en forte tôle, où on la laisse refroidir à l'abri du contact de l'air. On empêche ainsi la formation des sulfures par la réaction du charbon sur les sulfates contenus dans le salin, réaction qui a toujours lieu lorsque, après l'incinération, la combustion de la matière organique s'achève au contact de l'air; on continue de jeter de nouvelle vinasse sur la plaque, et ainsi de suite.

Cependant, si au lieu d'obtenir du salin charbonneux on veut l'avoir en masses compactes, au lieu d'éparpiller le charbon incandescent sur le sol, on le jette en tas au fur et à mesure qu'on le retire du fourneau; l'incinération ou une combustion lente a lieu, jusqu'à la destruction à peu près complète de la matière organique. Ainsi obtenu, le salin est en masses très-dures et très-compactes; sa couleur est d'un gris cendré; sa cassure présente des marbrures de différentes nuances produites sans doute, pendant la fusion, sous l'influence des oxydes métalliques.

Un four comme celui que je viens de décrire peut incinérer

plus de 1,000 litres de vinasses à 28 ou 30 degrés par douze heures de travail ; cette quantité de vinasses produit environ 350 kilogr. de salin de potasse parfaitement incinéré, et dont le titre alcalimétrique varie de 50 à 55 degrés de l'alcalimètre de Descroizilles.

Ce four peut travailler pendant plus de six mois, sans avoir besoin d'aucune réparation ; il est d'un emploi très-simple et très-économique ; la dépense en combustible est très-faible, parce que la chaleur produite par la combustion des matières organiques contenues dans les vinasses est presque suffisante pour maintenir la plaque de fonte et la voûte du four à une température toujours très-élevée, condition essentielle pour obtenir une incinération parfaite.

On obtient la potasse blanche du salin en lessivant celui-ci dans des filtres en tôle de forme cylindrique. L'épuisement du salin a lieu à l'eau froide ou chaude : l'emploi de l'eau chaude est plus avantageux, mais il y a dissolution de sulfure; l'emploi de l'eau froide donne des produits plus purs, mais l'évaporation est plus longue, et les résidus sont moins dépouillés d'alcalis.

Pour procéder à un pareil lessivage avec succès, voici comment l'on peut opérer : si le salin est en masses dures et compactes, on le concasse préalablement. Cette opération se pratique ordinairement sur une forte et longue pierre de granit établie au niveau du sol, et sur laquelle on étend le salin dont on opère la pulvérisation au moyen de pilons ou de masses de fer ; cette pulvérisation du salin ne doit pas être complète, car en cet état la lixiviation en deviendrait très-difficile, sinon impossible ; il suffit, pour le succès de l'opération, de le concasser très-grossièrement, de manière à avoir des fragments de la grosseur d'une balle ordinaire, mais pas au-dessus. Par ce moyen, la masse laisse des interstices et des vides qui facilitent la pénétration du liquide qu'on emploie pour le traitement du salin, ce qui permet d'en extraire les parties solubles qu'il renferme d'une manière plus prompte et plus parfaite.

Si on opère sur du salin charbonneux, la pulvérisation devient une opération complétement inutile et même nuisible; la contexture feuilletée et poreuse de ce salin, l'extrême ténuité de ses molécules, la facilité avec laquelle il abandonne ses parties solubles à l'eau en rendent le traitement beaucoup plus aisé que lorsqu'on opère sur du salin en masses dures et cohérentes; aussi est-il toujours préférable d'employer ce salin pour la préparation des lessives; il n'exige aucune manipulation préalable pour son traitement.

Les filtres qu'on emploie pour le traitement du salin sont d'une contenance moyenne de 8 à 10 hectolitres; on en dispose ordinairement six les uns à la suite des autres, que l'on désigne sous le nom de *bande;* le nombre de bandes varie suivant l'importance de la fabrication. Chaque filtre est muni d'un double fond percé de trous comme une écumoire; on étend sur ce double fond une couche de paille de 6 à 8 centimètres d'épaisseur; la paille empêche le salin de passer par les trous des doubles fonds; elle agit, en outre, comme matière filtrante; aussi les lessives obtenues sont-elles toujours parfaitement claires et limpides; de plus, un robinet adapté entre l'espace vide des deux fonds sert à soutirer à volonté la lessive de chaque filtre.

Les filtres étant ainsi disposés, on les charge, aux 4/5es de leur contenance, de salin charbonneux ou de salin dur préalablement concassé; après avoir légèrement tassé la matière, on y verse dessus une suffisante quantité d'eau froide ou de lessives faibles; le liquide s'insinue et pénètre peu à peu le mélange; on doit continuellement le remplacer jusqu'à ce que la masse en étant complétement imprégnée en soit recouverte d'une couche de 8 à 10 centimètres.

Après un contact de quinze à dix-huit heures, on ouvre les robinets des filtres, et l'on reçoit dans un réservoir spécial la lessive, qui marque de 22 à 25 degrés à l'aréomètre Baumé; en employant cette première lessive au lieu d'eau pour le chargement de filtres neufs, on obtient, après douze ou quinze heures de réaction, une lessive qui marque de 30 à 32 degrés; on pourrait l'amener à 38 et 40 degrés par des passages successifs sur des filtres chargés avec des salins neufs; mais cette méthode, qui est longue et dispendieuse, est fort peu employée; on préfère généralement, et avec raison, avoir des solutions alcalines à 30 ou 32 degrés à l'aréomètre Baumé.

On continue le lessivage du salin en versant de nouvelles quantités d'eau froide sur les filtres; après un contact de huit à dix heures, on ouvre les robinets et on recueille séparément les liqueurs qui en proviennent. Comme, après ce deuxième lessivage, le salin n'est pas complétement dépouillé de ses parties solubles, on continue à lessiver la matière par des lavages successifs et réitérés à l'eau froide jusqu'au moment où l'épuisement du salin sera complet, ce qu'on reconnaîtra aisément quand le liquide qui sort des filtres aura perdu toute saveur alcaline; mais il est encore un moyen de contrôle plus exact et plus sûr, c'est de recueillir, dans une éprouvette, du liquide alcalin qui sort des filtres, et d'y plonger l'aréomètre Baumé : l'aréomètre descendra à zéro, si l'épuisement du salin est complet.

Si, au lieu d'obtenir des solutions alcalines, on désire avoir des lessives caustiques, on traite le salin par une suffisante quantité de chaux nouvellement calcinée, blanche, bien cuite, et préalablement hydratée ou éteinte, résultat qu'on obtient en arrosant la chaux avec un peu d'eau. La quantité de chaux qu'il faut ajouter varie suivant la richesse alcalimétrique du salin sur lequel on opère : l'analyse chimique prouve que la transformation du sous-carbonate de potasse pur en oxyde de la même base exige des proportions constantes et déterminées de chaux; mais, comme dans la pratique on ne réalise pas toujours complétement les indications de la théorie, il est utile d'ajouter 1/5e de chaux de plus que celle que la théorie indique; la réaction est alors plus rapide et plus complète.

La lessive ainsi obtenue, abstraction faite des sels étrangers, contient en solution l'oxyde de potassium, c'est-à-dire l'alcali pur, elle a une saveur très-caustique et bleuit énergiquement la teinture de tournesol préalablement rougie par un acide. Cette lessive est légèrement colorée en brun ; elle le sera d'autant moins que l'incinération de la matière organique aura été plus avancée : il ne faut, en effet, que de très-faibles proportions de cette matière dans le salin, pour déterminer la coloration des lessives. C'est à l'absence complète de toutes matières extractives et colorantes dans les belles potasses raffinées de betteraves qu'on doit la blancheur et la parfaite limpidité des lessives qui en proviennent.

Quoique colorée, la lessive caustique provenant du traitement direct du salin de betteraves est employée avantageusement dans la fabrication des savons mous; elle est même, disent plusieurs habiles praticiens, préférable à la potasse ordinaire, en ce sens qu'elle donne plus de consistance et de nerf au savon, effet que j'attribue à la présence d'une certaine quantité de carbonate de soude et de chlorhydrates et sulfates de la même base dans les lessives; on sait que la propriété distinctive des alcalis sodiques est de former, sauf quelques rares exceptions, des savons consistants et durs, en se combinant avec les corps gras de diverses provenances.

Soit que l'on emploie directement les lessives brutes pour les divers besoins de l'industrie et des arts, soit que l'on ait en vue d'en extraire la potasse, il est toujours essentiel de les avoir claires et limpides; il suffit, pour atteindre ce résultat, de les recueillir dans des vases inattaquables par les alcalis, et de les abandonner au repos pendant une quinzaine de jours; quand tous les détritus et matières organiques que les lessives tenaient en suspension sont déposés, les lessives, bien que colorées, sont devenues d'une limpidité parfaite, on les soutire par le moyen de siphons ou à l'aide de robinets placés au-dessus du sédiment, et, si on veut en extraire la potasse, on les soumet à une évaporation rapide; on procède à cette opération de la manière suivante :

Les liqueurs marquant de 30 à 32 degrés sont évaporées dans une série de chaudières en fonte chauffées par le même foyer, jusqu'à ce qu'elles aient atteint de 44 à 45 degrés à l'aréomètre Baumé; on les verse bouillantes dans des cristallisoirs en fonte ou en fer battu; on obtient, après huit à dix jours de repos, une cristallisation très-abondante de différents sels, dont les proportions respectives varient, mais parmi lesquels le chlorure de potassium domine.

Les chaudières étant nettoyées, on y verse les eaux mères provenant d'une première cristallisation, déjà beaucoup plus riches en carbonate de potasse; on recommence l'évaporation, que l'on prolonge, cette fois, jusqu'à ce que la liqueur marque de 50 à 52 degrés; les liqueurs bouillantes sont versées, comme la première fois, dans les cristallisoirs, et abandonnées au repos jusqu'à ce qu'elles ne fournissent plus de cristaux.

Le produit de la seconde cristallisation consiste principalement en un carbonate double à base de potasse et de soude, mais où le carbonate de potasse se trouve dans des proportions prépondérantes. On lave légèrement les cristaux dans une faible quantité d'eau froide, et on les égoutte pour en séparer l'eau surabondante. Pour opérer la séparation des deux sels, on les fait dissoudre dans 60 pour 100 de leur poids d'eau bouillante; par le refroidissement de la solution, le carbonate de soude cristallise; le carbonate de potasse se trouve en dissolution dans les eaux mères; on le réunit aux solutions de carbonate de potasse concentrées à 50 degrés.

Les cristaux obtenus de ces différentes cristallisations, étant légèrement lavés à l'eau froide, égouttés et séchés à une température de 18 à 20 degrés centigrades, trouvent un débouché souvent très-avantageux et toujours certain dans les manufactures de produits chimiques.

Les eaux mères concentrées à 48 ou 50 degrés, ayant abandonné, par deux cristallisations successives, la presque totalité des sels étrangers contenus dans le salin, sont presque entièrement composées de carbonate de potasse. Pour en extraire la potasse, on les concentre dans des chaudières de fonte jusqu'à ce qu'elles aient acquis une consistance sirupeuse. En continuant l'évaporation, la matière se boursoufle considérablement; elle devient sèche, friable et poreuse : on accélère beaucoup sa dessiccation en la remuant, surtout vers la fin de l'opération, avec une spatule de fer.

Ainsi obtenue, la potasse n'est pas pure; elle se trouve toujours mêlée à des matières extractives qui la colorent; elle contient, en outre, de 12 à 18 pour 100 de son poids d'eau. Pour l'amener à l'état commercial, on la calcine à une forte chaleur dans des fours à réverbère; cette dernière et indispensable opération détruit la matière colorante extractive qu'elle peut contenir et lui enlève en même temps tout l'excès d'eau surabondante avec laquelle elle était combinée.

La potasse de Betterave, ainsi préparée, se présente en masses d'une blancheur éclatante; elle est légère et poreuse; sa saveur est fortement alcaline et caustique; exposée à l'air, elle en attire puissamment l'humidité : aussi doit-on la conserver dans des tonneaux hermétiquement fermés, que l'on dépose dans des lieux secs et aérés.

On pourrait communiquer à la potasse de Betterave cette teinte légèrement azurée des belles potasses *perlasses* par l'addition de très-faibles quantités de manganate de potasse.

Épuration des potasses.

Pour obtenir la potasse de Betterave sensiblement pure, voici comment on opère : dans une chaudière en fonte, de la contenance de 300 litres, on porte 75 litres d'eau à l'ébullition, et on y fait dissoudre 100 kilog. de potasse blanche de Betterave. La solution étant effectuée, on la verse bouillante dans un cristallisoir en fonte, où on l'abandonne au repos l'espace de huit ou dix jours; pendant ce repos, la presque totalité des sels étrangers contenus dans la potasse se déposent et cristallisent. La liqueur claire surnageant le dépôt, étant décantée et rapidement évaporée à siccité dans une chaudière en fonte peu profonde et légèrement évasée à sa partie supérieure, donne la potasse de Betterave à peu près pure. Pour blanchir cette potasse, on l'incinère dans un four à réverbère.

Ce moyen d'épuration, simple, rationnel et facile, repose sur la différence de solubilité des sels existants dans la potasse. Indépendamment du carbonate de potasse, toutes les potasses commerciales contiennent des quantités variables de divers sels, et principalement de sulfate de potasse et de chlorure de potassium. Or, comme ces sels sont presque complétement insolubles dans des solutions très-concentrées de carbonate de potasse, ils restent indissous, ou se précipitent par le refroidissement de la liqueur. Il résulte donc de ces différences de solubilité de ces sels entre eux que, en préparant des solutions aussi concentrées que possible de carbonate de potasse, ce sel se dissoudra entièrement, tandis que les autres sels, c'est-à-dire les sulfates et silicates de potasse et le chlorure de potassium, resteront indissous ou cristalliseront par le refroidissement de la liqueur.

Pour avoir la potasse caustique pure, on dissout la potasse épurée par le procédé que je viens d'indiquer, dans sept à huit fois son poids d'eau bouillante, de manière à avoir une solution à 10 ou 12 degrés à l'aréomètre Baumé; on ajoute à cette solution 40 pour 100 du poids de la potasse employée de chaux nouvellement préparée, et, après un lessivage énergique d'une demi-heure, on abandonne le tout au repos.

Au bout de vingt-quatre ou trente heures, on décante avec soin la solution qui, par le repos, est devenue parfaitement claire et limpide, on fait subir au marc de chaux plusieurs lessivages successifs à l'eau froide, pour l'épuiser complétement de l'alcali caustique qu'il contient, et les eaux de lavage, étant bien déposées, sont conservées à part et réunies à la première solution, pour être évaporées à siccité dans une chaudière en fonte; le résidu de l'évaporation constitue la potasse caustique sensiblement pure.

TABLE DES MATIÈRES.

(Extrait des *Annales de l'agriculture française* ou *Recueil encyclopédique d'agriculture* — 1856.)

PARIS. — IMPRIMERIE DE Mme Ve BOUCHARD-HUZARD, RUE DE L'ÉPERON, 5.

Ouvrages qui se trouvent à la librairie

DE Mme Ve BOUCHARD-HUZARD.

---

www.ingramcontent.com/pod-product-compliance
Lightning Source LLC
LaVergne TN
LVHW012015160826
845678LV00002B/848